儿童科普美绘本

❶水底世界的另类

水底世界漫游记

科学美绘馆编辑组 ◎ 编著

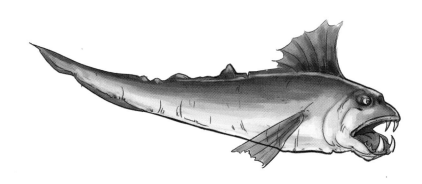

中南大学出版社
www.csupress.com.cn

U0337359

海洋浩瀚无边，物种繁多，有的美丽可爱，有的却长相奇特，让人忍不住想："就算是你生活在海里，没什么人来看你，可你也不要长得这么随心所欲呀！"

现在，格林博士带着小可和小文一起去领略一下另类的美。

　　"每次看到水母，我就觉得这是一朵大蘑菇。"小文指着水族馆里的一只水母说。

　　"这是霞水母。最大的霞水母伞盖的直径有2.5米，触手长达40多米。我觉得，它们的审美绝对有问题，这身材比例让人无话可说。"博士说。

　　霞水母将触手伸展开来，就像布下了"天罗地网"，小动物一旦进入其中，必将束手就擒。可是，体长7厘米的牧鱼能穿梭自如，把"天罗地网"当成它的"避难所"，这是因为牧鱼是霞水母捕食的诱饵。

霞水母触手上的刺细胞能分泌毒液，使猎物迅速麻痹而死。因此，我们在海边游泳，有时会突然感到身体一阵刺痛，像是被皮鞭抽打一样，那准是水母作怪在刺人。

"霞水母长相奇特，但是章鱼长相更奇怪。"小文插嘴说。

"在电视、电影里，怪模怪样的章鱼通常是恶魔的形象。"小可也表示赞同。

"唉，也不能这么说嘛！"博士底气不足地反驳，"它长成那样也是没有选择呀！"

章鱼能随时变换皮肤的颜色，使自身和周围的环境协调一致。此外，章鱼的再生能力很强。当腕被敌人牢牢抓住时，它会自动舍掉腕，趁机溜走。不久之后，新的腕就会重新长出来。

章鱼力大无穷、残忍好斗，且足智多谋，不少海洋动物都怕它。章鱼有八条腕，每条腕上有几百个吸盘，无论谁被缠住，都难以脱身。章鱼的腕非常灵敏，可以用来探察外界的动静。

这时，一只像是乌贼的生物，从大家身前飘过。"这是什么？只有几十厘米长，但眼睛却有狗的眼睛大，还有两只耳朵！"小文惊叫起来。

"这是吸血乌贼，那两只耳朵是它的鳍。"博士说。

吸血乌贼并不会吸血，它身上有发光器官，能随心所欲地把自己"点亮"和"熄灭"。在深海中，吸血乌贼时隐时现，像幽灵一样恐怖。

吸血乌贼在深海里生活了几千万年，生理构造发生了巨大的变化，一种特殊的色素让它血液里贮存的氧气比其他乌贼多了 5 倍。和多数乌贼不同，吸血乌贼没有墨囊，腕上还长着像尖牙一样的尖刺。

"看那边，那条鱼像不像一只大蝙蝠？"小可叫道。

远处，一条和其他鱼类样子完全不同、身体扁平、有六七米长的鱼从大家眼前游过，犹如一只蝙蝠划过天际。

"那是蝠鲼，因为诡异的外形，所以它又叫魔鬼鱼。"博士说，"魔鬼鱼的尾巴像一根长鞭子，上面还有刺。不过，虽然它的样子很恐怖，但它性情温和，一般不会主动发起攻击。"

蝠鲼喜欢搞恶作剧，有时它故意游到小船底下，用胸鳍敲打船底，让船上的人惊恐不安；有时它还会跑到停泊在海中的小船下面，把小铁锚拔起，拖着小船在海上跑来跑去。这家伙，是不是恶作剧之王呢？

在蝠鲼附近，还有一个面目狰狞的家伙，那是堪察加蟹。堪察加蟹体长1米多，坚硬的甲壳上长满了刺棘，一对威武的螯足更是让人望而生畏。

堪察加蟹长相凶恶，生性凶残。别的螃蟹用螯足只能把我们的手指夹出血来，而堪察加蟹能把我们的手指夹断。

"堪察加蟹不是真正的蟹类，它的体形要比螃蟹大得多。有一次，它'入侵'挪威西部海岸后，吃光了路上遇见的所有可以吃的海洋生物。所过之处，寸草不生。"博士说。
　　真是又丑又凶的物种啊！

　　"比目鱼的长相也很奇怪。"小文说，"别的鱼的眼睛都长在身体两侧，比目鱼特立独行，把两只眼睛长在身体的同一边。"

　　"啊！"小可听得目瞪口呆。

"小文说得对。刚出生时，比目鱼的眼睛是正常的。长大后，它的眼睛就开始移到身体的同一侧。它们两只眼睛之间本来有软骨，眼睛移动时，软骨会被身体吸收。这真是神奇！"博士赞同地说。

在古代，人们认为比目鱼会一直和伴侣一起游走、生活，就把它看作忠贞爱情的象征，赋予它"成双成对"的含义，更把它写进诗句，如"得成比目何辞死，愿作鸳鸯不羡仙"。

"说到眼睛，我想起了盲鳗。顾名思义，盲鳗几乎没有视力，连眼睛都退化了。"博士说，"盲鳗生活在 100 米以下的深海里，身体白色，身形细长，像恶心的蛔虫。"

　　"别说了，博士，这还真恶心。"小文皱眉说。

　　盲鳗的嘴巴像一个椭圆形的吸盘，里面有锐利的黄色角质齿，像极了电影中的"异形"。盲鳗有时会从鱼的鳃部钻入鱼的体内，然后咬食鱼的内脏与肌肉，最后咬穿腹肌，破洞而出。

"那里有一把'扇子'。那是鱼吗？"小可指着一条鱼问博士。

那条鱼的背腹扁平，头和胸连在一起，尾巴像一根粗棒子。整体看来，那条鱼像一把团扇，'扇面'上还有一对小眼睛。

"那是电鳐。它的长相虽然怪异，但本领很大。"博士说，"电鳐发出的电可以点亮灯泡，可以带动电动玩具，也可以击毙比电鳐大很多的敌人。"

"这么厉害？"小可和小文惊呆了。

"你们知道吗？电鳐还能帮助人们治病。在古希腊和古罗马时期，人们就开始利用电鳐的放电来治疗风湿等疾病。直到现代，还有很多风湿病患者在海边寻找电鳐的身影。"博士说。

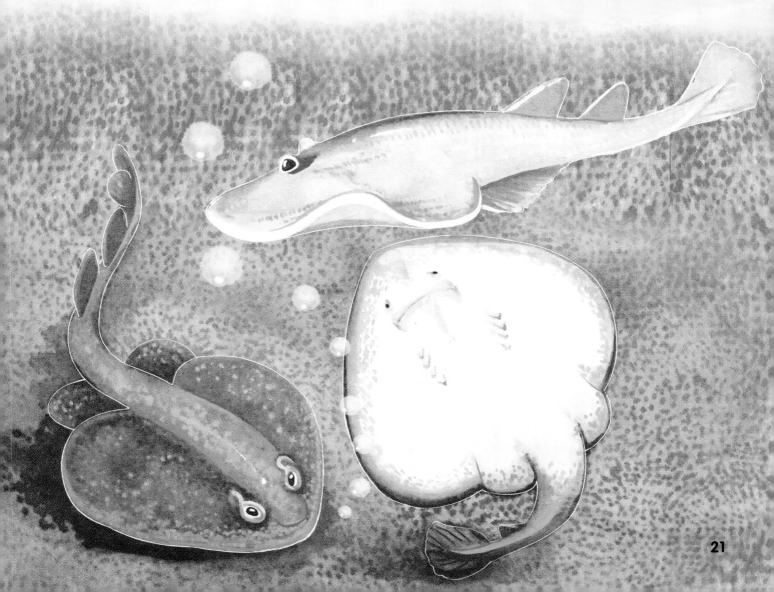

小文说："这个世界真是奇妙，有这么多奇形怪状的生物……那里还有一条鱼，好像长了手一样。"

博士说："那是长手鱼。事实上，它的'手'是鱼鳍。长手鱼很稀少，只有在澳大利亚塔斯马尼亚岛附近才有。"

那条长手鱼在水底"游动"时，身体两侧的"大手"不停地拍击着水底和珊瑚——其实，那是它在利用鱼鳍"行走"，而不是在水中游动。

长手鱼行动迟缓，很容易成为捕食者的猎物，但是长手鱼有一件秘密武器让捕猎者不敢招惹它。这件秘密武器就是它有毒的皮肤——能让触碰者极度痛苦。据说，如果有人吃了长手鱼，一小时后他可能会死亡。

"那边的沙子动了一下，里面有什么？我去看看。"小文说。

小文仔细一看，原来是一条丑陋的鱼藏在沙子里，与周围的环境融为一体，刚好露出一个巨大的嘴巴。

"那是瞻星鱼。"博士说。

"瞻星鱼的下嘴唇有一个红色的突起，能伸出很远。当瞻星鱼把突起伸进沙子里活动时，突起就像一条鲜红的蠕虫。一些小鱼被吸引了，当它们接近'蠕虫'时，瞻星鱼就会发动突然袭击，捕获它们。"博士说。

为了能吃饱，瞻星鱼做足了准备工作，它会先把自己隐藏在沙子里。在瞻星鱼的眼睛后面，有一个能发出高达 50 伏电压的放电器官，这足以电晕那些靠近它、令它感到危险的大鱼。

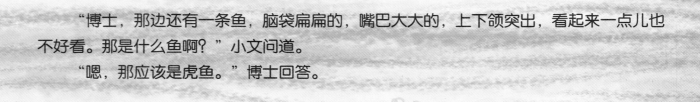

　　"博士，那边还有一条鱼，脑袋扁扁的，嘴巴大大的，上下颌突出，看起来一点儿也不好看。那是什么鱼啊？"小文问道。

　　"嗯，那应该是虎鱼。"博士回答。

　　虎鱼的生存本领很强，即使离开了水，也不会轻易死亡。除了速度和力量出众之外，虎鱼身上的鳞片如同铠甲一般，严密地保护着虎鱼的身体。虎鱼性情凶猛，无论见到什么，都要发动攻击。

血腥味对虎鱼具有很强的刺激作用，在血腥味的刺激下，虎鱼吃东西的速度会变得更快。不过，平常的时候，虎鱼不爱动，总喜欢慢悠悠地在水中游动。

这时，水面上飘来一片枯黄的树叶。"怎么会有枯黄的树叶？"小可疑惑地说。
博士和小文仔细一看，原来是一条鱼漂浮在水面上，像极了一片树叶。"这是枯叶鱼，是一名伪装大师。"博士说道

枯叶鱼身体扁平，嘴巴像树叶的叶柄，加上银黄色斑纹的外表，看上去和枯黄的落叶十分相似。根据光线和环境的不同，枯叶鱼能变换黄、绿两种颜色。

为了能捕捉到猎物，枯叶鱼非常有耐心，它可以静静地在水中躺上好几天。即使猎物靠近了，它也不会盲目进攻，而是先观察猎物的强弱。如果没有十足把握，它才不会去冒险呢！

"看啊！那边有一条游得飞快的鱼，嘴巴像一把剑。"小可尖叫起来。

只见一道波纹从远方瞬间就来到大家眼前，那条鱼差不多有两米长，体表大部分是棕黑色。"那是剑鱼。剑鱼其实一点儿也不丑，只是长得有点特别而已。"博士说。

剑鱼体表光滑，上颌又长又尖，像一把锋利的剑。看到猎物时，剑鱼就如离弦的箭一样，飞速刺向猎物。剑鱼是游得最快的鱼类之一，它的时速高达 110 千米。

据说，在第二次世界大战期间，剑鱼曾经主动向英国船只发起过挑战，最后竟然用上颌刺穿了那条船。当海水涌进船舱时，船员们还不知道凶手是谁！

……

微风轻拂，倦鸟晚归，充实而愉快的一天结束了，博士带着小可和小文，缓缓地走在路边。夕阳西下，人影微斜，一阵阵欢笑声从远处传来。

图书在版编目（CIP）数据

水底世界漫游记.水底世界的另类 / 科学美绘馆编辑组编著.--
长沙：中南大学出版社，2019.3
ISBN 978-7-5487-3591-5

Ⅰ.①水… Ⅱ.①科… Ⅲ.①水生生物－儿童读物Ⅳ.① Q17-49

中国版本图书馆 CIP 数据核字 (2019) 第 058566 号

水底世界漫游记（水底世界的另类）　　　　　科学美绘馆编辑组编著

出 版 人	吴湘华
出 品	麦唐文化
出 品 人	母飞鹏
责任编辑	谭　沛
责任印制	易建国
特约编辑	马　丹
装帧设计	李俏丹
出版发行	中南大学出版社
	社址：长沙市麓山南路　邮编：410083
	发行科电话：0731-88876770　传真：0731-88710482
印　　刷	湘潭市长城塑料彩印包装有限公司
版　　次	2019 年 5 月第 1 版
印　　次	2019 年 5 月第 1 次印刷
开　　本	889mm×1328mm　1/20
印　　张	2
字　　数	24 千字
书　　号	ISBN 978-7-5487-3591-5
定　　价	88.00 元（共四册）

❷ 水底世界的王者

水底世界漫游记

科学美绘馆编辑组 ◎ 编著

中南大学出版社
www.csupress.com.cn

一天，格林博士对小文和小可说："超过 70% 的地球表面都覆盖着水，陆地只占了很小的一部分。因此，在辽阔的水域里，还有很多生物是我们从来没有见过的。你们想去看看吗？"

小文和小可一起欢呼起来："好啊！那我们走吧！"

来到深海里，博士指着一条巨大的鱼说："前面这条大鱼叫噬人鲨，又叫大白鲨，它可以长到 12 米长，性情十分凶猛，经常会无故袭击船只和人类。"

小文抢着说："这个我知道，还有电影专门讲述大白鲨干的坏事。"

这时候，大白鲨钻出水面，身体直立在水面上，像在表演"杂耍"。

大白鲨愤愤不平地说："谁说我很凶残，我现在不是很可爱吗？"

博士说："哈哈，你这不过是在寻找猎物罢了！"

大白鲨恼羞成怒，张开血盆大口，向大家冲了过来。博士赶紧带着两人跑了。

正当大家气喘吁吁的时候，一条脑袋像一把锤子的大鱼游了过来。
"糟糕！"博士说，"遇上双髻鲨了，这家伙脾气也不是太好。"
幸运的是，双髻鲨好像没看见博士、小可和小文，晃悠悠地走了。

三人松了一口气。
博士说："双髻鲨又叫
锤头鲨，因为它的脑袋
像锤子。脑袋的两边各
有一个突起，每个突起
都有一只眼睛和一个鼻
孔。正是这种奇特的长
相，使得锤头鲨的视野
非常好。"

小可感叹道："这
长相……"

双髻鲨的脑袋长得奇怪，但一点都不影响它的行动。它的"锤子"脑袋上还长着压力传感器，这能让双髻鲨准确地知道猎物的方向和速度。

博士说："我们走吧，四处去看看！"

"看，那里竟然有一条粉红色的鱼！"小可叫道。

那条鱼大约 4 米长，浑身粉红粉红的，身体像一根圆柱子，嘴巴突出，像一把短剑。

"那是剑吻鲨。"博士回答。

"博士，这条鲨鱼怎么是粉红色的呢？别的鲨鱼可不是这样呀！"小文好奇道。

博士还没说话，那条剑吻鲨抢着说："因为我们的皮肤是半透明的，而我们身上有很多血管，所以看起来是粉红色的！小朋友，不要大惊小怪！"

"谢谢你，剑吻鲨！"小文勉强露出一个笑容，因为面对一条鲨鱼，谁都会紧张。

"可是，现在我的族人越来越少了。"剑吻鲨悲哀地说。

"对不起，都是因为我们人类破坏环境导致的。"博士诚恳地道歉。

过了一会儿，博士他们遇到了一条大约 6 米长的鲨鱼，它长着镰刀一样的尾巴。

这条鲨鱼竟然主动向小可问好："我是长尾鲨，你好！"

"你好！我是小可。"小可回答说，"你这个大尾巴真漂亮呀！"

　　"我这条长尾巴，差不多有身体的一半长。它不光漂亮，而且还很有用，它不仅能帮助我游泳，还可以帮助我捕捉猎物。我可以用尾巴击水，让鱼儿吓得挤到一起，还能用它把猎物打晕。"长尾鲨说道。

　　小可上前，轻轻地抚摸着长尾鲨的尾巴，"真是好尾巴。"

　　"谢谢你，长尾鲨。"博士转过头来，对小可说，"长尾鲨的生长速度很慢，它一胎会生下三个小宝宝，但是小宝宝要10年的时间才能长大。长尾鲨的性情比较温和，不会无故伤害人类。"

　　"是呀，我们最是热情好客！"长尾鲨说。

又一条鲨鱼凑了过来，跟博士打招呼："你们好，我是锯鲨。"

这条鲨鱼体长大约1米，有一个非常明显的特征，那就是它的嘴巴突出，像一把剑，边缘还有很多锯齿，看起来分外可怕。

　　"别害怕，锯鲨看起来很凶，其实它的性情很温和。"看到小可和小文只往自己背后躲，博士安慰道，"锯鲨白天经常静止不动，晚上才出门寻找食物。"

　　"你好，锯鲨！你这把'锯子'看起来真是威武！"小可小心翼翼地向锯鲨问好。

锯鲨的嘴与众不同，这一奇特的构造非常实用，它可以把长嘴伸进泥土中寻找食物。找到猎物后，锯鲨就会用大嘴猛击猎物，将猎物打晕，然后就可以大快朵颐了。

广阔的海洋，孕育着无尽的神奇！

博士突然说："我们快走，雪茄达摩鲨来了。这群小东西，个子不大，脾气倒很大。"

小可一看，远处正游来一群体长不过半米、有着茶褐色表皮的鱼，远远看去，就像是一根雪茄，"那就雪茄达摩鲨？"

"是的。"博士说。

雪茄达摩鲨会借助腹部的发光器引诱猎物，猎物上钩后，它就咬住猎物，再像鳄鱼进食般不停地翻转身体，将猎物身上的肉撕扯下来。因此，尽管雪茄达摩鲨个头不大，但依旧能够横行海底。

雪茄达摩鲨凶猛残暴，它的牙齿非常锋利，捕猎后留下的伤口非常干净。它们喜欢吃乌贼、鲔鱼，还会攻击鲸、海豚等大型生物，有时会破坏海底电缆，甚至连潜水艇也不放过。

不一会儿，三人看见前面有一团巨大的阴影在移动着。

"哇！那是什么？这么大！"小可尖叫道。

近了之后，大家才发现原来是一条大鱼。那条鱼有30米长，身体呈流线型，看起来像一把剃刀。

"那是蓝鲸，又叫剃刀鲸。"博士说。

"这鲸真大啊！"小文说。

"蓝鲸是地球上最大的，也是最重的动物，它的体重可达 200 吨。"博士解释说。蓝鲸的脑袋很大，光舌头就重 2.7 吨。如果它的舌头能全部展开，上面可以站几十个人。

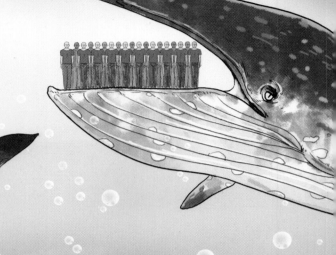

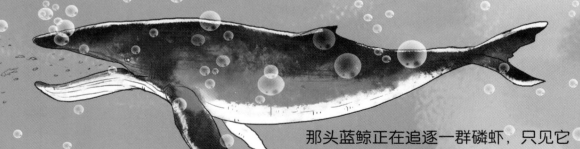

那头蓝鲸正在追逐一群磷虾，只见它大口一张，无数磷虾纷纷被它吞入腹中。

"蓝鲸最喜欢吃磷虾了，它一天可以吃掉 3 吨磷虾。幸好，磷虾是世界上数量较多的物种之一，否则，蓝鲸可能就不会长得这么庞大了。"博士说。

"那边来了一群虎鲸，你们快走吧，它们可不像我们这么好说话。"蓝鲸掉转头来，对博士说。

博士伸长脖子一看，只见远处海面上露出几个高高的背鳍，向这边迅速游来。"嗯，我们快走，虎鲸被称为杀手鲸，尽管它们很少攻击人类。"博士说。

虎鲸性情凶猛，但它们喜欢群居，而且还相亲相爱。它们经常用胸鳍互相触碰，显得亲密团结。如果有伙伴受伤了，它们会前去支援，用身体托起受伤的伙伴，使它漂浮在海面上而不至于窒息。

博士说："有时候，虎鲸会采用团队合作的方式来捕食。虎鲸从隆额中发出超声波，互相沟通并策划捕食战术。然后，它们再把鱼驱赶到一起。最后轮流钻入鱼群中取食。"

大个子也有大智慧！

25

就在博士准备带着小可和小文离开海洋的时候，微风送来一阵阵神秘的歌声。

"这是什么声音？怎么会有歌声？难道是海妖？"小可紧张起来了。

"这声音应该是座头鲸的叫声！"博士拉着小可，"这世上哪有海妖！"

座头鲸多数成对活动，成年之后，它们常常用互相触碰的方式来表达情感。

座头鲸还有一个绝活，那就是表演"海洋大合唱"。在大海里，它们发出的声音复杂多变，节奏分明，抑扬顿挫，犹如一场盛大的交响乐。因此，座头鲸深受生物学家、音乐家及摄影师的喜爱。

座头鲸的捕猎技巧被称为水泡捕猎法。它们先在鱼群的下方围成一个大圈，然后利用喷水孔向上喷气形成水泡，把鱼群逼得十分密集。待时机成熟后，它们就会张开嘴巴向上蹿，一口吞下无数小鱼。

离开了座头鲸的地盘，小文喘了一口气，说："前面是什么？怎么有光？"

说话间，那束光逐渐靠近大家。这时，博士才发现是一条两米长的鱼，在三人的照明灯的照耀下，那条鱼的眼睛发出明亮的光，就像猫眼一样。

"这是猫鲨，它狡猾得很！"博士说，"有时，猫鲨会漂浮在海面上，一动也不动。一些鸟儿以为它是礁石，就停留在上面。这时，猫鲨会缓缓下沉，当鸟儿的脚移到猫鲨头部时，它就张开大口把鸟儿吃掉。"

"这样也行？"小可感叹道。

终于回到了海岸边，虽然海底世界很危险，但也很精彩。

"看，那儿有条大鳄鱼。"小文指着一条将近 10 米长的鳄鱼说，"鳄鱼可是很凶的。"

"这是湾鳄，它既能游到外海，也能生活在淡水中，是最大的一种鳄鱼。"博士解释道。

"湾鳄是目前最大的爬行动物，它喜欢泡在水下，只露出眼睛和鼻子。湾鳄是热带及亚热带的物种，原产泰国、马来西亚等东南亚地区，印度亦有发现。"博士又给小可和小文进行科普讲座了。

湾鳄性情凶猛，有很强的领地意识，谁要是占了它的地盘，它绝对不轻饶。湾鳄喜欢吃大型鱼类、泥蟹、巨蜥、海龟等。在捕食的时候，它经常潜伏在浑浊的水下，等待猎物送上门来。

……

"博士，你怎么什么都知道啊？"

"博士，我要向你学习！"

大家说着说着，天色就暗淡了下来。

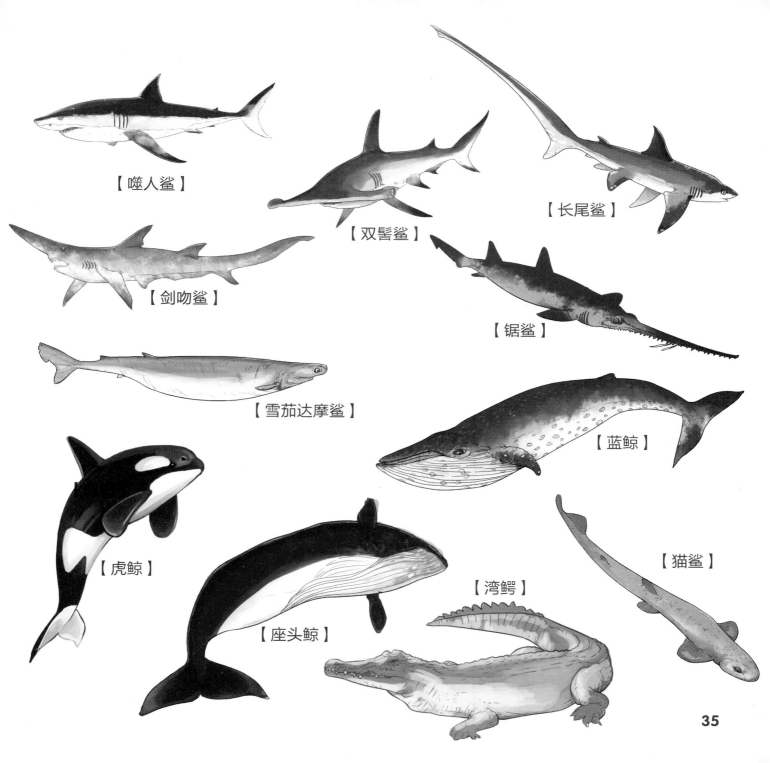

【噬人鲨】

【双髻鲨】

【长尾鲨】

【剑吻鲨】

【锯鲨】

【雪茄达摩鲨】

【蓝鲸】

【虎鲸】

【座头鲸】

【湾鳄】

【猫鲨】

图书在版编目（CIP）数据

水底世界漫游记 . 水底世界的王者 / 科学美绘馆编辑组编著 . ——
长沙：中南大学出版社，2019.4
ISBN 978-7-5487-3591-5

Ⅰ.①水… Ⅱ.①科… Ⅲ.①水生生物–儿童读物Ⅳ.① Q17-49

中国版本图书馆 CIP 数据核字 (2019) 第 058563 号

水底世界漫游记（水底世界的王者）　　　　科学美绘馆编辑组编著

出 版 人	吴湘华	
出 品	麦唐文化	
出 品 人	母飞鹏	
责任编辑	谭　沛	
责任印制	易建国	
特约编辑	马　丹	
装帧设计	李俏丹	
出版发行	中南大学出版社	
	社址：长沙市麓山南路　　邮编：410083	
	发行科电话：0731-88876770　传真：0731-88710482	
印　　刷	湘潭市长城塑料彩印包装有限公司	
版　　次	2019 年 5 月第 1 版	
印　　次	2019 年 5 月第 1 次印刷	
开　　本	889mm×1328mm　1/20	
印　　张	2	
字　　数	24 千字	
书　　号	ISBN 978-7-5487-3591-5	
定　　价	88.00 元（共四册）	

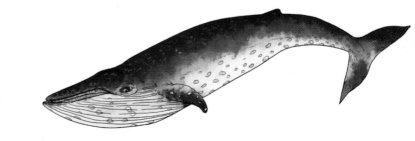

宝宝填色大合集

海底世界

填色本

○绘

中南大学出版社
www.csupress.com.cn

【蝠鲼】

【长手鱼】

【吸血乌贼】

【虎鲸】

【石头鱼】

【堪察加蟹】

堪察加蟹

妈妈评分

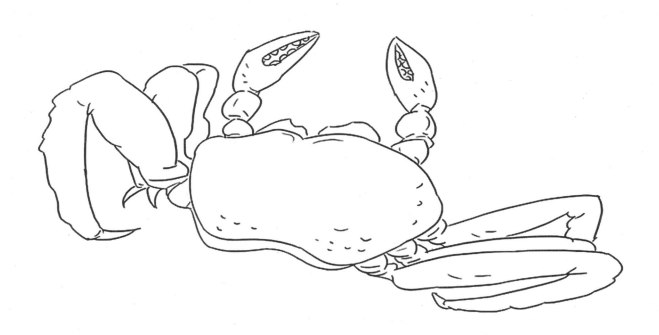

水底世界 13

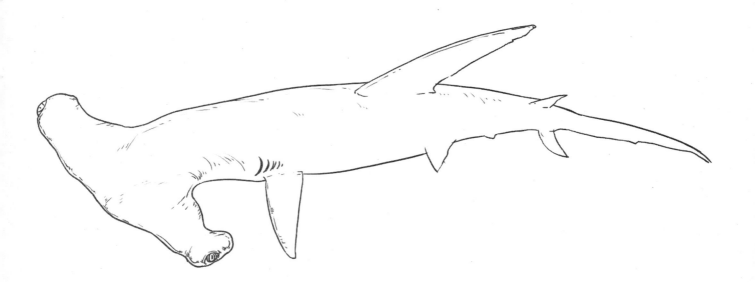

大白鲨

蓝鲸

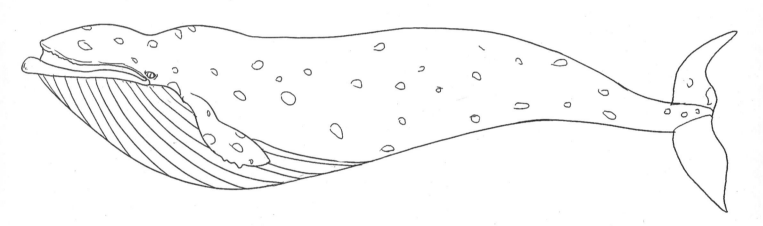

❸水底世界的舞者

水底世界漫游记

科学美绘馆编辑组 ◎ 编著

中南大学出版社
www.csupress.com.cn

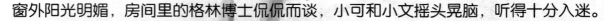

窗外阳光明媚，房间里的格林博士侃侃而谈，小可和小文摇头晃脑，听得十分入迷。

"人类世界有舞者，水底世界一样有！尽管水底阳光不足，但那里也生活了无数美丽的生灵，比如五彩斑斓的孔雀鱼，金光闪闪的金鱼……"格林博士说道。

"那么，我们现在就去寻找那些美丽的水底舞者，领略一下大自然的神奇。"博士说。

不一会儿，大家就来到了水族馆。

刚进水族馆，淘气的小可就大叫起来："你们看，这么多鱼！这么多漂亮的鱼！"

小文目不转睛地盯着一群长尾巴的鱼，说："天啊！这就是鱼中的孔雀。"那群鱼体形修长，尾巴五彩缤纷，游起来就像一把把小扇子。

"这是孔雀鱼！"博士说。

3

雄孔雀鱼斑斓多彩，有红、橙、黄、绿、青、蓝、紫等颜色，尾鳍和腹部有蓝红色圆斑，周围还有环纹，就像孔雀尾羽上的花纹，所以它才叫孔雀鱼。

"马赛克孔雀鱼的尾部色彩绚丽，斑纹分布有序，好像是镶嵌细致的马赛克工艺品。"博士说，"礼服孔雀鱼的后半身是黑色、深蓝色的，尾鳍上没有斑点，素雅大方，如同穿着晚礼服的公主！"

"这条鱼好有意思，嘴巴好像鹦鹉嘴！"小可叫了起来。

"所以，它叫鹦鹉鱼。"博士说，"当然，这种鱼的颜色鲜艳，和鹦鹉一样漂亮。是不是呀？"

"当然漂亮！"小可和小文异口同声地回答。

5

鹦鹉鱼不仅长得漂亮，而且还有团结互助的精神。如果一条鹦鹉鱼被鱼钩钩住了，其他鹦鹉鱼就会上前帮忙，一起把同伴解救出来。所以，人们特别喜欢它们。

"我还有一项绝技，就是会织'睡衣'。"鹦鹉鱼吐了个泡泡，突然开口对小文说，"我会吐丝，然后用鱼鳍将白丝缠到身上，就这样织成一件'睡衣'。之后，我就可以美美地睡上一觉了。"

　　"虽然我叫小丑鱼，但是我很漂亮。"旁边一条小鱼跃出水面说。

　　"你好，你好！原来你就是小丑鱼呀，我早就听说过你了。"小文急忙回答说。

"你身体颜色鲜艳，形态可爱，怎么叫这个名字呀？"小文不解地问道。

"你看我脸上，有一条白色的条纹，是不是很像京剧中的丑角？所以人们叫我小丑鱼。"小丑鱼解释道，"可是我一点儿也不丑！"

"小丑鱼的家里都会有一条雌鱼做'大当家'，它和配偶一起守护自家的领地。如果雌鱼离去，雄鱼会在几个星期内让自己变成雌鱼。"博士对小可和小文说。

"小丑鱼竟然还能转变性别，太神奇了！"小可说。

过了一会儿，大家看见了一群体长五六厘米的鱼，那些鱼体形呈菱形，浅黄的皮肤上面从头至尾有四条墨绿色的宽条纹。

看到小可和小文的目光被它们吸引了，博士当起了解说员："这是虎皮鱼，又叫四间鱼。"

这群鱼儿喜欢在水中追逐嬉戏，还喜欢捉弄比它们慢的鱼儿。比如说，燕鱼就怕见到它们，只要虎皮鱼一出现，燕鱼就落荒而逃。

"虎皮鱼在求偶期间，雄鱼就像一个满脸羞涩的小男孩，它红色的鳍会变得鲜艳夺目。这也是非常神奇的现象！"博士说。

这时，一条金鱼游了过来，向大家问好：
"你们好！"

"金鳞仙子，你好！"小文回答说，"我认识你，你是我们中国土生土长的物种，被公认为世界上最早的观赏鱼。"

在阳光的照耀下，金鱼浑身闪闪发光。"我这身衣服，不仅漂亮，而且还能反映身体的健康情况。我现在身体很好，所以鳞片鲜艳亮丽；如果生病了，鳞片就会色泽暗淡。"金鱼兴高采烈地说。

博士说："金鱼是由野生鲫鱼演化而来的彩色变种，彩色的外表由原来的银灰色变为红黄色，后来又逐渐变成各种不同的颜色。"

16

一条体长半米、浑身金光的鱼游了过来，"嘿，这些小不点，哪有我金龙鱼威武？"

大家一看，只见金龙鱼的鳞片排列得整整齐齐，富有光泽，在阳光底下，发出金黄色的光芒。

金龙鱼是一种淡水鱼，喜欢在温暖的河流中生活。它那熠熠生辉的鳞片、铠甲般的质感、威武霸气的身形、高贵的气质深受人们的喜爱。

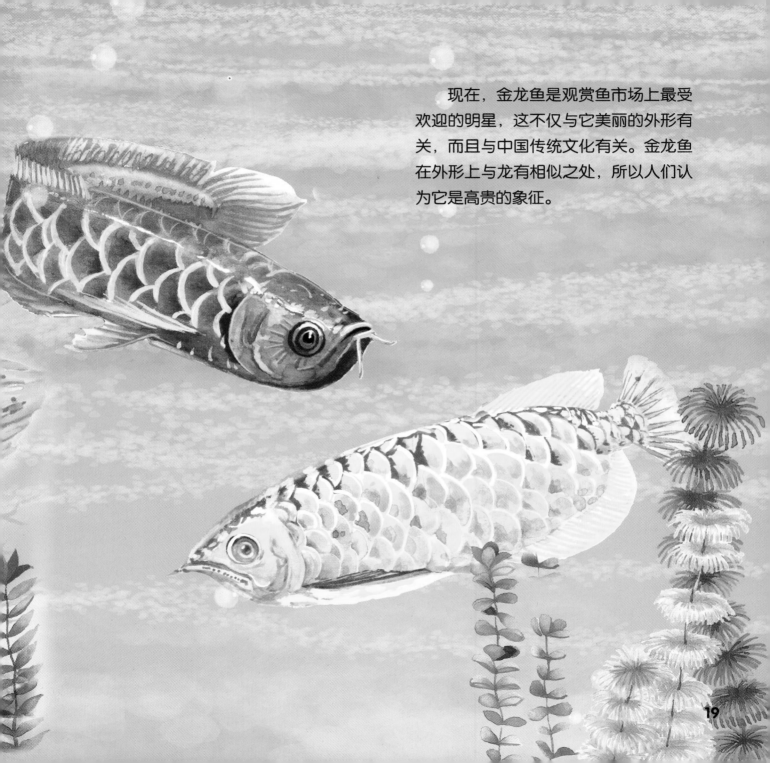

现在，金龙鱼是观赏鱼市场上最受欢迎的明星，这不仅与它美丽的外形有关，而且与中国传统文化有关。金龙鱼在外形上与龙有相似之处，所以人们认为它是高贵的象征。

告别了金龙鱼，博士带着小可和小文继续欣赏美丽的鱼儿。

"这是蝴蝶鱼，是海洋中最爱打扮的鱼儿。你们看，它的'衣服'多漂亮，五颜六色，好像花丛中的蝴蝶。"博士指着一条鱼儿说。

"我的'衣服'还有伪装功能，能随着环境的变化而发生变化。"蝴蝶鱼接过话头，"而且我们'换装'的速度很快，只需要几分钟的时间。"

"你们真是太厉害了！"小文向蝴蝶鱼竖起了大拇指。

蝴蝶鱼是专一爱情的守护者，它和另一半形影不离，有人称它们为"海中鸳鸯"。同时，蝴蝶鱼夫妇也是最默契的搭档，如果一个在吃东西，另外一个就在旁边守卫。

"哇！那里还有一条会发光的鱼！"小文说。

"那是一条宝莲灯鱼。"博士走近一段距离，仔细看了看，然后说，"这种鱼生活在南美洲光线暗淡的河底，它用身体照亮前进的路。"

大家仔细一看，宝莲灯鱼的眼后有一条宽而明亮的蓝色纵带，一直延伸到尾巴处，这条蓝色纵带发出醒目的蓝色光芒。在纵带下方到尾部，还有一片发着红光的斑块，十分显眼。

　　"这鱼一时蓝色，一时红色，真是好看呀！"小文说。

"好看吧？就是因为好看，所以很多人喜欢在家里喂养宝莲灯鱼。"博士说，"如果你也想养几条，就一定要了解它的生活习性：它喜欢昏暗、安静的环境，还喜欢周围有很多水草。"

　　"那边的几条鱼，就是铅笔鱼。"博士指着前面几条一动也不动的鱼说，"当铅笔鱼累了，它们就会这样不动，看起来就如同一根根笔直的铅笔。"

　　小可和小文顺着博士手指的方向看去，果然如此！

铅笔鱼生活在南美洲的亚马孙河流域。它们喜欢成群地在水中追逐嬉戏，累了才会停下来休息。

"铅笔鱼的种类很多，有活泼好动的条纹铅笔鱼，有习性温和的红鳍铅笔鱼，有喜欢竖着移动的尖嘴铅笔鱼，还有珍贵的火焰铅笔鱼。"博士说。

"哈哈，这是接吻鱼！它们在接吻。"小可哈哈笑道。

只见前面有两条淡粉色的鱼正嘴对嘴。

"对，这是接吻鱼，又叫桃花鱼。"博士说，"它们为什么'接吻'？"

"这还有讲究呀？"小文问道。

"接吻鱼'接吻'，并不是恋人在表达情意，而是它们在以这种独特的方式争夺领地。"博士说。

"也就是说，它们在打架？竟然有这种战斗方式！"小可不可思议地说。

就在这时，一条体长 40 厘米，
体表黄色，上面有红色、棕色条纹，
身上长满了鳍棘的鱼儿游了过来。
　"这是狮子鱼，好看吧？"
博士说，"可是它有毒。"

外形美丽，身怀剧毒，这让狮子鱼在海里生活得很惬意。狮子鱼背上长了十几根有毒的鳍棘，平时由一层薄膜包着，遇到紧急情况时，薄膜破裂，鳍棘扎向敌人。

不可否认的是，狮子鱼确实好看。它时常拖着宽大的胸鳍和长长的背鳍，在海中悠闲地漫步，就像一只飞舞在珊瑚丛中的蝴蝶。

"狮子鱼真是让人害怕，我见了它都是退避三舍。"这时候，一条美丽的鱼儿游过来说。

这条鱼的鱼鳍对称地向后生长，游动时宛如展开翅膀飞翔的燕子，姿态高雅优美。

"燕鱼，你好！"博士和那条鱼打起了招呼。

"在人们看来，燕鱼是美丽和高贵的象征。它行动时动作潇洒、轻盈，所以被人们称为'观赏鱼中的皇后'。"博士对小可和小文说。

　　燕鱼还是水底世界里自由恋爱的倡导者和践行者。当找到另一半时，它们就会脱离"大家庭"，建立属于自己的"小家"。燕鱼夫妇一起漫步，一起捕食，过着悠闲的生活。……

　　太阳下山了，博士、小可和小文终于走遍了水族馆，看到了很多美丽的鱼儿。

　　"谢谢您，博士！"小可和小文向格林博士深深地鞠躬。

图书在版编目（CIP）数据

水底世界漫游记.水底世界的舞者 / 科学美绘馆编辑组编著.－－
长沙：中南大学出版社，2019.3
ISBN 978-7-5487-3591-5

Ⅰ.①水… Ⅱ.①科… Ⅲ.①水生生物－儿童读物Ⅳ.① Q17-49

中国版本图书馆 CIP 数据核字 (2019) 第 058564 号

水底世界漫游记（水底世界的舞者）　　科学美绘馆编辑组编著

出 版 人	吴湘华	
出　　品	麦唐文化	
出 品 人	母飞鹏	
责任编辑	谭　沛	
责任印制	易建国	
特约编辑	马　丹	
装帧设计	李俏丹	
出版发行	中南大学出版社	
	社址：长沙市麓山南路　邮编：410083	
	发行科电话：0731-88876770　传真：0731-88710482	
印　　刷	湘潭市长城塑料彩印包装有限公司	
版　　次	2019 年 5 月第 1 版	
印　　次	2019 年 5 月第 1 次印刷	
开　　本	889mm×1328mm　1/20	
印　　张	2	
字　　数	24 千字	
书　　号	ISBN 978-7-5487-3591-5	
定　　价	88.00 元（共四册）	

④水底世界的智者

水底世界漫游记

科学美绘馆编辑组◎编著

中南大学出版社
www.csupress.com.cn

　　"在神秘的水底世界，不仅有体形巨大的鱼，还有美丽娇小的鱼，更有充满智慧的鱼。"格林博士说。

　　"鱼儿也有智慧呀？"小文好奇地问。

　　"博士，那您就带我们去见识见识吧！"小可的好奇心熊熊燃烧起来了。

于是，博士带着小可和小文来到水族馆，去寻找那些水底世界的"智者"。

"那是什么鱼，身体像一个圆球？"小文问。

"那是河豚，又叫气泡鱼。在遇到危险时，它会拼命地吸水或空气，使身体膨胀起来，从而吓退敌人。"博士说。

3

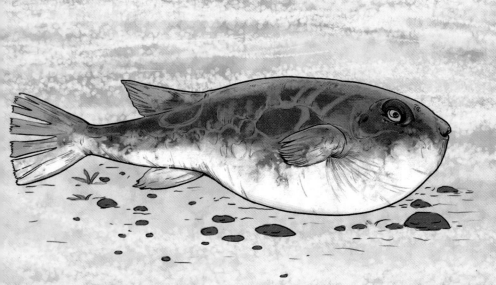

"听说，河豚有剧毒。"小可说。

"对啊，但河豚肉质鲜美，它与鲥鱼、刀鱼并称为'长江三鲜'。河豚的内脏有毒，肉并没有毒，因此很多人都喜欢吃。"博士说。

"看，那条鱼更奇怪，像一个仙人球。"小文说。

旁边有一条浑身都是刺的鱼，它的身体较短，呈圆锥体，鳞片变成了粗棘，只有尾巴正常。

真是一条奇怪的鱼！

"这是刺鲀。"博士说，"它和河豚有一样的生存智慧。它身上也有剧毒，不过剧毒都藏在肝脏、血液等部位。"

别以为刺鲀的样子只是吓人，它还会反击。据说，如果刺鲀被鲨鱼吞进肚子里，它就会"大闹肚子"，附近的伙伴也会来帮忙一起撕咬鲨鱼。不一会儿，鲨鱼就只剩下一堆白骨了。

"在海洋里，芋螺也有剧毒，这让别的生物不敢轻易招惹它们。"博士看到小可和小文惊讶的神情，说，"那个就是芋螺。"

芋螺有一层外壳，前方尖，后端粗大，像鸡的心脏，又像芋头。

　　芋螺是一种含有剧毒的海洋生物，它外表有美丽的斑纹，很容易吸引人们的目光，很多人都想把它捡回家观赏。然而，悲剧往往就发生在这时。迄今为止，因为芋螺而丧生的人已不在少数。

　　"芋螺的行动缓慢，但是它有一把非常好用的'鱼叉'——牙齿。当芋螺发现有猎物靠近时，它就将牙齿从嘴里伸出来，刺向猎物，并迅速分泌毒液，将猎物毒死。"博士说。

　　海洋里还真是危险呀！

"我知道还有一种长得非常漂亮的剧毒生物——澳大利亚箱形水母。"小可说道。

"嗯，澳大利亚箱形水母被称为'海黄蜂'，它体长有 4 米，触须上有很多储存毒液的刺细胞。"博士说。

　　澳大利亚箱形水母主要生活在热带海域，在风平浪静的时候，它会游向海滨浴场。到现在为止，它已经造成了无数起伤人事件。它被认为是最致命的水母，号称海洋中的透明杀手。

澳大利亚箱形水母最重要的特征是伞体呈立体的箱子形状。如果有人被它刺中，就会很快死亡。真是让人防不胜防。要想避免这种伤害，我们只有不在它们出没的海域出现。

这时候，水底的一块石头突然动了一下，"石头怎么会动？"小文好奇地看去，"原来是一条鱼啊！"

"那是一条石头鱼。它的伪装术很厉害，喜欢趴在海底一动也不动，就像是一块石头。"博士说。

石头鱼身上有很多瘤状突起，这和蟾蜍很像。石头鱼的鱼脊是灰石色的，还有石头般的斑纹，所以人们叫它"石头鱼"。除了伪装术之外，石头鱼还有剧毒。如果不小心踩到它，它就会分泌致命的毒素。

"那个是海葵。"博士指着一丛盛开的"葵花"说。

"那是植物吗？"小可问。

"尽管它身体柔软没有骨骼，但它是动物。那些花瓣一样的东西，是它的触手。"博士回答。

"这可真是神奇！"小可说。

海葵的身体构造很简单，没有中枢信息处理机构，也就是说它没有最低级的大脑。它的几十条触手上有一种特殊的刺细胞，能释放毒素。"嗯，这家伙也有毒，不过对人的伤害比较小。"博士说。

海葵的触手就像是在水中摇曳的花瓣，吸引了许多小鱼前来一探究竟。当小鱼靠近时，海葵就会迅速收缩触手，将其捕获。

一条蛇在水底蜿蜒爬过，小文吓得哇哇大叫，因为她最怕蛇了。

"那是海蛇。海蛇主要生活在印度洋和太平洋的近海处，它的尾巴有点扁，腹部鳞片已经退化。"博士说。

和眼镜蛇一样，海蛇也有剧毒。艾基特林海蛇的
毒性比眼镜王蛇还要大，如果人被它咬一口，几十秒
的时间就会送命。

　　黑头海蛇主要生活在热带和亚热带海域。它们白天出没，以捕食鱼类为生。黑头海蛇攻击性很强，在日本冲绳岛一带，每年都会有人被黑头海蛇咬死。

当然，在水底世界，除了这些用毒的生物之外，还有很多生物拥有奇特的生存智慧。

"海豚就是其中的佼佼者，它有超高的智商，还有高超的潜水本领，这让它在海洋中生活得很惬意。"博士说。

海豚的智商很高，它的大脑非常发达。人类大脑占体重的 2.1%，而海豚的大脑占体重的 1.17%。海豚的大脑由两个完全隔开的部分组成，一部分大脑工作时，另一部分大脑就可以休息。因此，海豚可以终生不睡觉。

海豚依靠回声定位来判断目标的位置，这让它们在没有光的深海里行动自如。此外，它有高超的潜水本领，能潜入 300 米深的地方，而人类不穿潜水衣，只能下潜 20 米。

"果然，能生存下来的，都是高手！"小可说。

"咦，那条鱼在喷水。"小文惊讶地指着一条鱼说。

"那是射水鱼，又叫高射炮鱼。"博士告诉小文，"它能看到空中的物体，一旦发现猎物，它就偷偷接近，然后从口中喷出水柱，将目标击落。"

"这么神奇啊！"小可说。

"射水鱼的口腔构造很奇特，当它用舌头抵住口腔上部的一个凹槽处时，那里就会形成一个管道。当发现猎物时，它会立即吸水，然后把水从这个管道中喷射出来。"博士解释道。

射水鱼喜欢吃生活在水边的小昆虫，如苍蝇、蚊子等。射水鱼的喷水本领已经练得炉火纯青了，堪称百发百中。万一失手，它还有另一项绝活——跳跃，也能将猎物抓回来。

"射水鱼还真是神通广大！"小文说。

"这没什么，飞鱼还会飞，能飞上百米。"博士说。

"哇！还有这样的鱼？"小可和小文惊讶极了。

飞鱼的胸鳍很发达，就像鸟儿的翅膀。想飞时，飞鱼会先在水里高速游动，胸鳍紧贴在身体两侧。冲出水面时，尾巴用力拍水，飞鱼就冲向天空，飞了起来。

"飞鱼和我们人一样，都有一颗想飞的心！"小文问道。

"为了逃避海里凶猛动物的追杀，飞鱼只好飞起来。不过，即使它飞了起来，还是会受到海鸟的袭击。"博士说。

"前面的泥土里，似乎有一条蛇。"小可说。

博士走上前，看了看，"这不是蛇，而是鳝鱼。鳝鱼昼伏夜出，白天在烂泥中睡觉，晚上才出来活动。"

28

　　鳝鱼没有特殊的攻击本领，只有一手逃跑的绝活。它们全身都布满了黏液，就算它被敌人抓住，也能轻易地从敌人手中逃脱。

　　"怪不得《孙子兵法》都说，三十六计走为上计！"小可哈哈笑道。

　　鳝鱼肉质鲜美，很多人都喜欢吃，而且鳝鱼还有补血、补气、消炎、消毒等功效。鳝鱼血对患有慢性化脓性中耳炎的患者有作用。如果有小朋友流鼻血，在鼻孔中滴入鳝鱼血，症状也会减轻。

"鱼儿鱼儿水中游，游来游去乐悠悠。"小文唱起歌来了，"博士，如果真离了水，鱼儿还能乐悠悠吗？"

"肺鱼肯定还能乐悠悠。"博士说，"肺鱼有一个特别的'肺'（其实是鳔），离水之后，肺鱼用这个肺也能存活一段时间。"

肺鱼生活在热带草原气候的河流中。到了旱季，河水干枯，这时肺鱼就会钻进泥巴中，也不出去捕食，依靠体内的脂肪维持生命。到了雨季，它才会"破土而出"。

雄肺鱼可是一个爱心爸爸。雌肺鱼排卵后，雄肺鱼的腹鳍会长出很多富有微细血管的突起。雄肺鱼将血液中的氧气通过微细血管释放到水中，为孩子的成长创造良好的环境。

"长颌鱼喜欢把水弄浑浊，但这并不影响它寻找食物，因为长颌鱼自带雷达系统。厉害不？"博士高兴起来了。

　　"还有自带雷达的鱼？这么神奇？"小可惊叹起来。

　　"长颌鱼的尾部有一个能发出微弱电流的发电器，电流变化所传达的信号能被头部的神经细胞接收。这样，长颌鱼周围就形成了一个电场，长颌鱼就靠这个电场来感知世界。"博士说。

"弹涂鱼不仅可以离开水，而且还能爬树。"博士说。

弹涂鱼一生中有很多时间都不在水里。弹涂鱼生活的地方长了很多树，它们把腹鳍当作吸盘，从而爬到树上。

弹涂鱼身手敏捷，善于跳跃。离开水的时候，它会在嘴里含一口水以帮助呼吸，就像潜水员入水时背一个氧气罐。

"还有一种会'走路'的鱼，叫攀鲈。"博士这下来劲了，越说越高兴。

"这些鱼可真厉害，真是综合实力强大！"小可和小文不约而同地说。

当水位上涨的时候，攀鲈就利用头部的棘和鳍棘爬到陆地上。攀鲈离开水也能存活很长的时间，因为它有一个奇特的鳃上器，能直接吸收空气中的氧气。

今天，小可和小文看到了形形色色的鱼儿，他们为生物的智慧着迷，同时也被格林博士渊博的知识所折服。

"谢谢您，博士！"小可和小文恭敬地向格林博士行礼。

"读万卷书，行万里路。只有增长自己的见识，才能让自己变得更好！"博士教诲道。

图书在版编目（CIP）数据

水底世界漫游记 . 水底世界的智者 / 科学美绘馆编辑组编著 . ——
长沙：中南大学出版社，2019.3
ISBN 978-7-5487-3591-5

Ⅰ.①水… Ⅱ.①科… Ⅲ.①水生生物–儿童读物Ⅳ.① Q17–49

中国版本图书馆 CIP 数据核字 (2019) 第 058565 号

水底世界漫游记（水底世界的智者）　　　科学美绘馆编辑组编著

出　版　人	吴湘华	
出　　　品	麦唐文化	
出　品　人	母飞鹏	
责　任　编辑	谭　沛	
责　任　印制	易建国	
特　约　编辑	马　丹	
装　帧　设计	李俏丹	
出　版　发行	中南大学出版社	
	社址：长沙市麓山南路　邮编：410083	
	发行科电话：0731-88876770　传真：0731-88710482	
印　　　刷	湘潭市长城塑料彩印包装有限公司	
版　　　次	2019 年 5 月第 1 版	
印　　　次	2019 年 5 月第 1 次印刷	
开　　　本	889mm×1328mm　1/20	
印　　　张	2	
字　　　数	24 千字	
书　　　号	ISBN 978-7-5487-3591-5	
定　　　价	88.00 元（共四册）